重庆市规划自然资源科普读物系列
优势和特色矿产之锶矿

"渝"里相"锶"
YU LI XIANG SI

顾文帅　陈　龙　李　建　韦　轶　编著
黄富祥　田　孟　邬秋敏

中国地质大学出版社
ZHONGGUO DIZHI DAXUE CHUBANSHE

图书在版编目(CIP)数据

"渝"里相"锶"/顾文帅等编著. —武汉:中国地质大学出版社,2025.1.
ISBN978-7-5625-6029-6
Ⅰ. P578
中国国家版本馆CIP数据核字第20244UR789号

"渝"里相"锶"	顾文帅　陈　龙　李　建　韦　轶	编著
	黄富祥　田　孟　邬秋敏	

责任编辑:韦有福	选题策划:韦有福	责任校对:郑济飞

出版发行:中国地质大学出版社(武汉市洪山区鲁磨路388号)	邮编:430074
电　　话:(027)67883511　　传　　真:(027)67883580　E-mail:cbb@cug.edu.cn	
经　　销:全国新华书店	http://cugp.cug.edu.cn
开本:787mm×960mm　1/16	字数:77千字　　印张:4
版次:2025年1月第1版	印次:2025年1月第1次印刷
印刷:湖北新华印务有限公司	
ISBN 978-7-5625-6029-6	定价:52.00元

如有印装质量问题请与印刷厂联系调换

  锶是一种稀有金属矿产,在世界各地的岩石中均有分布,但能够大量聚集成矿的只有少数几个地区。重庆是世界著名的锶矿产地,锶矿集中分布在重庆西部的大足区、铜梁区、合川区,尤其是大足与铜梁交界处的"西山锶成矿带",南北长 15km,东西宽 2~3km,面积仅有 37km²,却已发现 2 处超大型、2 处大型、2 处中型和 3 处小型锶矿床,累计查明资源储量数千万吨,是一个名副其实的"世界锶都"。重庆西部不但矿床产出集中,矿床规模大,矿体厚度大,矿石质量好,而且开采难度小,同时也是中国锶矿工业基地。

  如何将锶应用到战略性新兴产业中,将资源优势转化为新质生产力,而不只是在放烟花时加入锶以至于更加鲜艳夺目?这将是小朋友们——未来的科学家、企业家所关心的。

  更为奇特的是,这里也曾是恐龙之乡(重庆市合川区是马门溪龙的发现地),会不会因为恐龙吸收过量的锶而成为"巨无霸"?或者因为锶在恐龙骨骼中失衡而导致灭绝?这也将是小朋友们——未来的医学家、环保专家、公务员所关心的。

  愿这本科普图书能为小朋友们打开探索重庆锶矿的知识天窗,同时也展开对美好未来的想象翅膀,播种下科学管理高效利用矿产资源的美好愿望。

2024 年 7 月 28 日

前言
PREFACE

　　重庆是我国四大直辖市之一，因境内的嘉陵江古称"渝水"，故简称"渝"。重庆地处四川盆地东部，位于我国第二阶梯向第三阶梯的过渡地带，拥有世界上特征最显著的褶皱山地带，这种特殊的地理位置与地质构造，使得重庆市的矿产资源颇具特色。截至2023年底，重庆市已发现矿种72种，总体呈现出"分带明显、分布相对集中"的特点，比如集中分布在大足区、铜梁区的锶矿，城口县、秀山土家族苗族自治县的锰矿，黔江区、南川区和武隆区的铝土矿，城口县的毒重石矿等。

　　为更好地向公众介绍独特的重庆锶矿，讲好重庆锶矿故事，扩大重庆锶矿影响力，重庆市规划和自然资源局科技计划项目资助重庆市地质矿产勘查开发局205地质队编写了本科普读物。

　　本书以重庆市优势和特色矿产锶矿为主角，以"渝"里相"锶"为主线，采用通俗易懂的语言和具体生动的图片，分别从锶矿形成的独特性、用途和重要性进行介绍，带领大家走进重庆锶矿的多彩世界，揭开重庆锶矿的神秘面纱。

　　本书在编写过程中，得到了重庆市规划和自然资源局的大力支持，中国地质科学院矿产资源研究所稀有稀土贵金属矿产研究室孙艳正高级工程师、成都理工大学邹灏教授、重庆市地质调查院杨弘忠正高级工程师等为本书提供了诸多建议和指导，重庆市大足区古龙镇人民政府、重庆足锶矿业集团有限公司、重庆市源庆矿业开发有限责任公司为本书提供了部分照片、素材，另外本书的出版还得到了多位专家、学者和领导的支持和帮助，在此一并表示衷心的感谢！

　　本书由顾文帅、陈龙、李建、韦轶、黄富祥、田孟、邬秋敏编著，陈小东、高阳、罗俊豪、张钱煦等参与了野外调查及素材收集工作。本书内容适合中小学生及自然科学爱好者阅读。由于编著者水平有限，书中难免会有错误和不足之处，诚请广大读者给予批评、指正。

编著者

2024 年 6 月 20 日

目录 CONTENTS

第一篇 "锶"从何来

中国的第一块锶矿石 …………………………………（3）
锶：爱玩捉迷藏的元素 ………………………………（4）
锶元素在哪里？ ………………………………………（6）
锶："稀有金属"中的一员 ……………………………（8）
锶矿是什么？ …………………………………………（9）
锶矿在哪里？ …………………………………………（13）
锶矿的开采史 …………………………………………（16）
独一无二的重庆锶矿 …………………………………（17）
独占鳌头的重庆锶矿 …………………………………（19）

第二篇 不可"锶"议

甜蜜的锶 ………………………………………………（23）
绚丽多姿的锶 …………………………………………（24）
曾受挫折的锶 …………………………………………（25）

V

奇"锶"妙用 …………………………………………（26）

同位素"指纹" ……………………………………（28）

锶原子光晶格钟 …………………………………（29）

水制氢的好帮手 …………………………………（32）

第三篇 "锶"来想去

自然界中的锶循环 ………………………………（36）

人体中的锶代谢 …………………………………（37）

锶：长寿的秘诀 …………………………………（38）

锶：骨骼的守护者 ………………………………（39）

饮水"锶"源 ………………………………………（42）

第四篇 奇"锶"妙想

山城锶情缘 ………………………………………（46）

打造新"锶"路 ……………………………………（47）

成就绿色锶都 ……………………………………（48）

锶茗传天下 ………………………………………（50）

锶的传唱 …………………………………………（52）

参考文献 …………………………………………………（53）

探索"锶"的世界,从这里开始……

第一篇 "锶"从何来

　　2013年11月1日,中国国土资源报头版刊登一条振奋人心的消息——重庆发现特大型锶矿床。一时间,央视网、人民网、新浪网、凤凰网、搜狐网等各大网站争相报道,重庆锶矿一跃成为国内地矿领域的热议话题。伴随着一系列的宣传报道,越来越多的人知道了锶矿原来是重庆市的优势和特色矿产。但是,在这背后还有着许多鲜为人知的故事。

第一篇 "锶"从何来

中国的第一块锶矿石

1937年,中国西部科学院的罗正元先生在重庆江津碑槽野外考察时发现了一块天青石,这是中国的第一块锶矿石。由于种种原因,当时并未引起重视。

但是,我国的第一个锶矿床并不是在重庆发现的,而是1958年辛勤的地质队员在江苏省溧水县发现的爱景山锶矿床,这为我国后续锶矿床的发现拉开了序幕。

1970年的一天,时任中国化工进出口总公司重庆分公司化工科科长的安增基先生,在对出口给日本的重晶石矿石进行海关商检分析时发现了锶矿,这一事件引起了政府的高度重视。随后,有关专家通过对重晶石矿石产地的追根溯源,最终于1971年在合川干沟发现了重庆市的第一个锶矿床,即干沟锶矿。

随着重庆大型锶矿相继被发现,重庆锶矿资源量和产量在国内乃至国际上均处于前列,锶矿正式成为重庆市的优势和特色矿产。

● **拓展小课堂**

中国西部科学院 1930年,由爱国实业家卢作孚在重庆北碚创办,是我国第一所民办科学院,旨在用科学手段开发西部富饶资源。抗战时期,中国西部科学院全力支持科研机构内迁,使北碚发展成为当时国内"最大的学术中心"。1943年,中国西部科学院联合十余家科研院所和高等院校共同筹备中国西部博物馆,形成战时科普大观。

 "渝"里相"锶"

锶：爱玩捉迷藏的元素

细心的朋友会发现，我们在化学教科书和字典的元素周期表中可以找到锶元素（Sr）的踪迹。不过，锶元素的发现比元素周期表的形成早了将近80年。

1869年，俄国科学家门捷列夫首次将当时已知的63种元素制成了最早的元素周期表，其中锶元素是在1790年苏格兰阿盖尔郡的苏纳特海岸的一个铅矿中被发现的。当然，锶元素的单质——锶金属是在1808年被提炼出来的，这是当时能够证明锶元素存在的重要证据；随后，锶元素也被科学家们依据最初发现地——思特朗蒂安小镇的名字命名为"Strontium"。

翻阅史书，你会看到每一个化学元素的发现都离不开科学家的不断探索和研究，锶元素也不例外，它的发现整整经历了18年。尽管锶喜欢玩捉迷藏，但还是被人类发现了。这里就不得不感谢4位优秀的化学家，他们分别是阿代尔·克劳福德、托马斯·查尔斯·霍普、马丁·海因里希·克拉普罗特、汉弗莱·戴维。

1790年，英国化学家阿代尔·克劳福德在苏格兰阿盖尔郡的苏纳特海岸的一个铅矿中发现了一种新的矿物，当时人们把这种新矿物认作毒重石（$BaCO_3$），随着研究的深入，他又发现这种新矿物中还含有另外一种新元素。非常遗憾的是，由于当时科学技术水平的局限性，克劳福德一直未取得突破性的进展，这也使得他与锶元素（Sr）、菱锶矿（$SrCO_3$）的发现失之交臂。

1793年，英国爱丁堡大学的化学教授托马斯·查尔斯·霍普对这个未知的新元素开展了更全面的研究工作，发现这个新元素可以使蜡烛的烛火变红。

阿代尔·克劳福德

同年，德国化学家马丁·海因里希·克拉普罗特成功制取出氧化锶（SrO）和氢氧化锶[Sr(OH)$_2$]。

托马斯·查尔斯·霍普

马丁·海因里希·克拉普罗特

1808年，伦敦英国皇家学院的化学家汉弗莱·戴维通过电解法从氯化锶和氧化汞的混合物中提炼出金属锶，最终证实了锶元素的存在，并将其命名为"Strontium"，即锶。

时至今日，人们想要获取金属锶，依然需要通过电解法来实现。我们可以用盐酸（HCl）处理天青石（SrSO$_4$）和菱锶矿（SrCO$_3$），先获取氯化锶（SrCl$_2$），然后再将氯化锶与氯化钾（KCl）混合后熔化并电解，就可以获取金属锶和氯气（Cl$_2$）。

在这里，需要提醒喜欢思考和爱动手实践的朋友，这个过程需要在专业实验室或者化工车间才能完成，在家千万不要尝试哟！

汉弗莱·戴维

"渝"里相"锶"

锶元素在哪里？

讲到这里，大家一定会想问，锶元素到底在哪里？其实这也是一个让众多科学家非常着迷的问题，自从锶被发现后，他们就一直在寻找答案。

通过不断寻找，天体学家、地质学家和化学家们惊奇地发现，在宇宙、太阳、人体、海洋、陨星(陨石)、地壳中都可以找到锶的踪影。不过，宇宙和太阳中锶含量极少，浅层的地壳中锶含量最多，而陨星(陨石)、海洋、人体、植物和动物中锶的含量则介于两者之间。我们可以在下图中清晰地看到它们之间的含量差距。

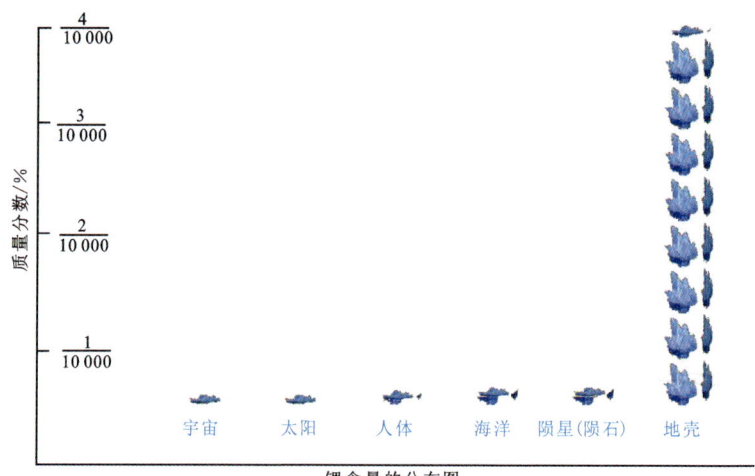

锶含量的分布图

注：锶在宇宙中的含量约 $4×10^{-8}$（亿分之四），在太阳中的含量约 $5×10^{-8}$，在人体内的含量约 $460×10^{-8}$，在海洋中的含量约 $810×10^{-8}$，在陨星(陨石)中的含量约 $870×10^{-8}$，在地壳中的含量约 $40\,000×10^{-8}$。

作为居住在"地球村"中的一员，我们更应关注地球上每一个角落中的锶含量。一般而言，陆地上总体贫锶，海水中总体富锶。

土壤中锶的含量一般为 4～2000 mg/kg，河水中锶的含量为 0.07 mg/L，湖水中锶的含量一般与河水中的相近。但是，陆地上干旱地区的湖泊中有时锶含量颇高，例如内蒙古西部居延海(嘎顺诺尔)湖水含锶 10.5 mg/L，最高达 498.48 mg/L，已经远高于海水中锶的平均含量。

第一篇 "锶"从何来

内蒙古居延海　　　　　　　　火山活动

生活在陆地上的人类与动植物中锶的含量有所不同。人体含锶4mg/kg，也就是说一般重70kg的人体含锶约280mg，但是人体骨骼中含锶颇高，可达36～140mg/kg。茶叶含锶10.8mg/kg，黄连、蒲公英、虎杖、昆布、附子、赤芍、杜仲、忍冬、甘草等中药含锶达100mg/kg以上。

黄连　　　　　　　　蒲公英

海水中相对富锶，因此海水中锶的含量较高，平均8.1mg/L。深海沉积物和海洋动物中锶的含量也比较高，其中深海沉积的碳酸盐含锶高达2000mg/kg，这可能与火山活动或浮游生物骨壳沉积有关。海洋动物如珊瑚、软体动物、放射虫的文石、方解石骨壳中含锶1200～8000mg/kg。

 "渝"里相"锶"

珊瑚

放射虫

锶:"稀有金属"中的一员

锶元素几乎无处不在,但是想要找到可以供人类开发的锶矿是非常困难的。为了进一步了解锶矿的稀有性,大家需要对"三稀"矿产资源的概念有一个初步认识。

2011年4月,"三稀"矿产资源首次以一个整体概念被提出。它是稀土金属、稀有金属和稀散元素的总称,是当前及今后培育发展新一代信息技术、节能环保、高端装备制造、新材料、新能源汽车等战略性新兴产业所需的功能材料和结构材料,在新型环保产业中扮演着重要角色。

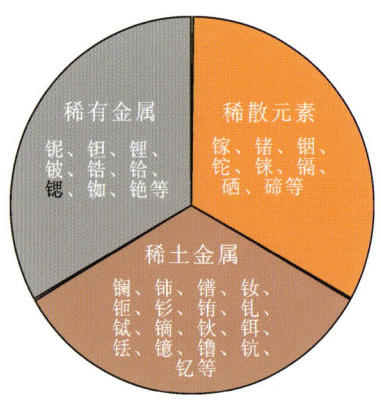

"三稀"矿产资源分类

可以看出,锶被地质科学家们划分为"稀有金属"家族的一员。然而锶并不是无缘无故成为稀有金属的,这是因为锶在地壳中含量较少且分布稀散,加之其

"活泼好动"的地球化学性质,使得锶难以富集形成可供人类开发的工业矿床。

锶矿是什么？

大自然是非常奇妙的。自然界中的元素在各种地质作用的影响下,通过结晶作用、升华作用、化学(反应)作用等途径形成矿物。迄今为止,自然界中已发现的矿物有 3000～3300 种。矿物以集合体形式出现即构成岩石,如果岩石中含有经济上有价值,技术上可利用的元素、化合物或矿物,就可以称为矿石。

由于锶化学性质活泼,极易与空气、水发生化学反应,因而自然界中没有自然态的金属锶,都是以锶矿物的形式出现。截至目前,世界上已发现的锶矿物约 46 种,主要包括锶的硫酸盐、碳酸盐、磷酸盐、硼酸盐、钒酸盐、砷酸盐、卤化物及氧化物矿物,其中绝大多数为稀有矿物,而具备工业开采价值的锶矿物主要是天青石($SrSO_4$)和菱锶矿($SrCO_3$)。

天青石的化学分子式为 $SrSO_4$,是自然界中最主要的含锶矿物。当锶矿石有用矿物主要为天青石时,矿石多呈现出条纹状、条带状、块状、浸染状、团块状、网脉状、斑杂状、角砾状等形态。

条纹状　　　　　　　　　　条带状

"渝"里相"锶"

块状

浸染状

团块状

网脉状

斑杂状

角砾状

第一篇 "锶"从何来

薄板状集合体

厚板状集合体

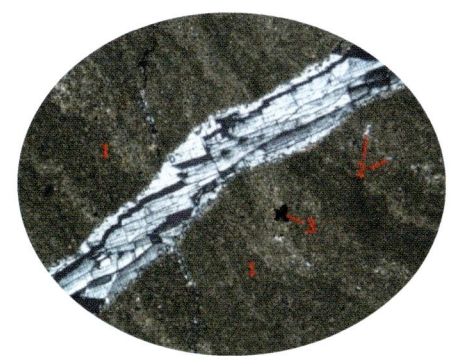

显微镜下的天青石脉

显微镜下的天青石

菱锶矿的化学分子式是$SrCO_3$,也是提炼锶的主要矿物之一,重要性仅次于天青石。当锶矿石有用矿物主要为菱锶矿时,矿石会呈现出比较特殊的皮壳状、葡萄状等形态。

目前,国内锶矿主要为天青石矿石,菱锶矿矿石较为少见,仅见于重庆铜梁、大足和云南兰坪河西,且与天青石共生,很难分开。

在我国,天青石、菱锶矿只有在岩石中的含量超过20%时(折算为锶元素含量为10%~12%),才会被认定为具备锶矿开采的品位条件。因此,想要形成锶矿,锶元素必须在其地壳丰度值0.048%的基础上富集250倍及以上;想要形成更高品位的锶矿,那就要富集500倍及以上。根据地质科学家的研究,许多锶矿床难以一次富集就形成工业矿床,多数是在前期富集的基础上,并在十分有利的地质环境中,经过多期成矿作用叠加富集才会形成工业矿床。

"渝"里相"锶"

铜梁玉峡锶矿矿井中的葡萄状菱锶矿及菱锶矿晶洞

典型菱锶矿(来源于亚洲金属网)

显微镜下的菱锶矿

薄板状集合体　　　　　　　　厚板状集合体

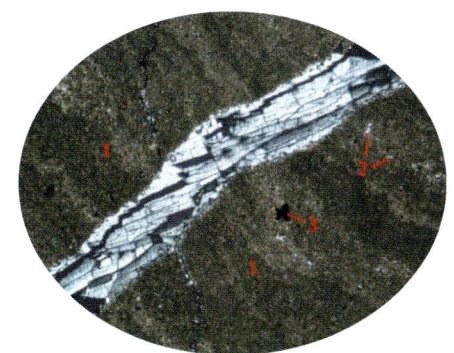

显微镜下的天青石脉　　　　　显微镜下的天青石

菱锶矿的化学分子式是 $SrCO_3$，也是提炼锶的主要矿物之一，重要性仅次于天青石。当锶矿石有用矿物主要为菱锶矿时，矿石会呈现出比较特殊的皮壳状、葡萄状等形态。

目前，国内锶矿主要为天青石矿石，菱锶矿矿石较为少见，仅见于重庆铜梁、大足和云南兰坪河西，且与天青石共生，很难分开。

在我国，天青石、菱锶矿只有在岩石中的含量超过20%时（折算为锶元素含量为10%～12%），才会被认定为具备锶矿开采的品位条件。因此，想要形成锶矿，锶元素必须在其地壳丰度值0.048%的基础上富集250倍及以上；想要形成更高品位的锶矿，那就要富集500倍及以上。根据地质科学家的研究，许多锶矿床难以一次富集就形成工业矿床，多数是在前期富集的基础上，并在十分有利的地质环境中，经过多期成矿作用叠加富集才会形成工业矿床。

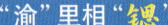

铜梁玉峡锶矿矿井中的葡萄状菱锶矿及菱锶矿晶洞

典型菱锶矿（来源于亚洲金属网）

显微镜下的菱锶矿

第一篇 "锶"从何来

薄板状集合体　　　　　　　　　厚板状集合体

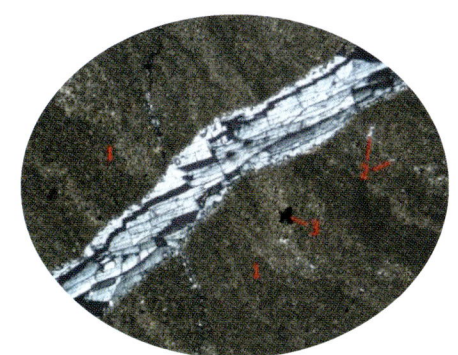 

显微镜下的天青石脉　　　　　　显微镜下的天青石

　　菱锶矿的化学分子式是 $SrCO_3$，也是提炼锶的主要矿物之一，重要性仅次于天青石。当锶矿石有用矿物主要为菱锶矿时，矿石会呈现出比较特殊的皮壳状、葡萄状等形态。

　　目前，国内锶矿主要为天青石矿石，菱锶矿矿石较为少见，仅见于重庆铜梁、大足和云南兰坪河西，且与天青石共生，很难分开。

　　在我国，天青石、菱锶矿只有在岩石中的含量超过 20% 时（折算为锶元素含量为 10%～12%），才会被认定为具备锶矿开采的品位条件。因此，想要形成锶矿，锶元素必须在其地壳丰度值 0.048% 的基础上富集 250 倍及以上；想要形成更高品位的锶矿，那就要富集 500 倍及以上。根据地质科学家的研究，许多锶矿床难以一次富集就形成工业矿床，多数是在前期富集的基础上，并在十分有利的地质环境中，经过多期成矿作用叠加富集才会形成工业矿床。

铜梁玉峡锶矿矿井中的葡萄状菱锶矿及菱锶矿晶洞

典型菱锶矿（来源于亚洲金属网）

显微镜下的菱锶矿

第一篇 "锶"从何来

锶矿在哪里？

全世界锶矿资源分布不均匀，具有工业开发价值的矿床并不多，全世界200多个国家和地区中仅有14个国家拥有锶矿资源。

目前，全球已查明锶矿资源储量1亿t左右，其中中国、墨西哥、西班牙锶矿资源量占重要地位，拥有锶矿资源的国家还有土耳其、伊朗、塔吉克斯坦、巴基斯坦、俄罗斯、美国、英国、德国、加拿大、摩洛哥和阿尔及利亚等。

纵观全球，我国是世界上锶矿资源最丰富的国家之一，资源量在全世界占有重要地位。

我国锶矿资源地理分布较为集中，主要分布在8个省（自治区、直辖市），分别为江苏省、湖北省、重庆市、四川省、云南省、陕西省、青海省、新疆维吾尔自治区，根据《2021年全国矿产资源储量统计表》，全国锶矿（天青石）资源储量超2000万t，其中重庆市、青海省两者总量约占全国锶储量的80%。

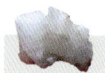

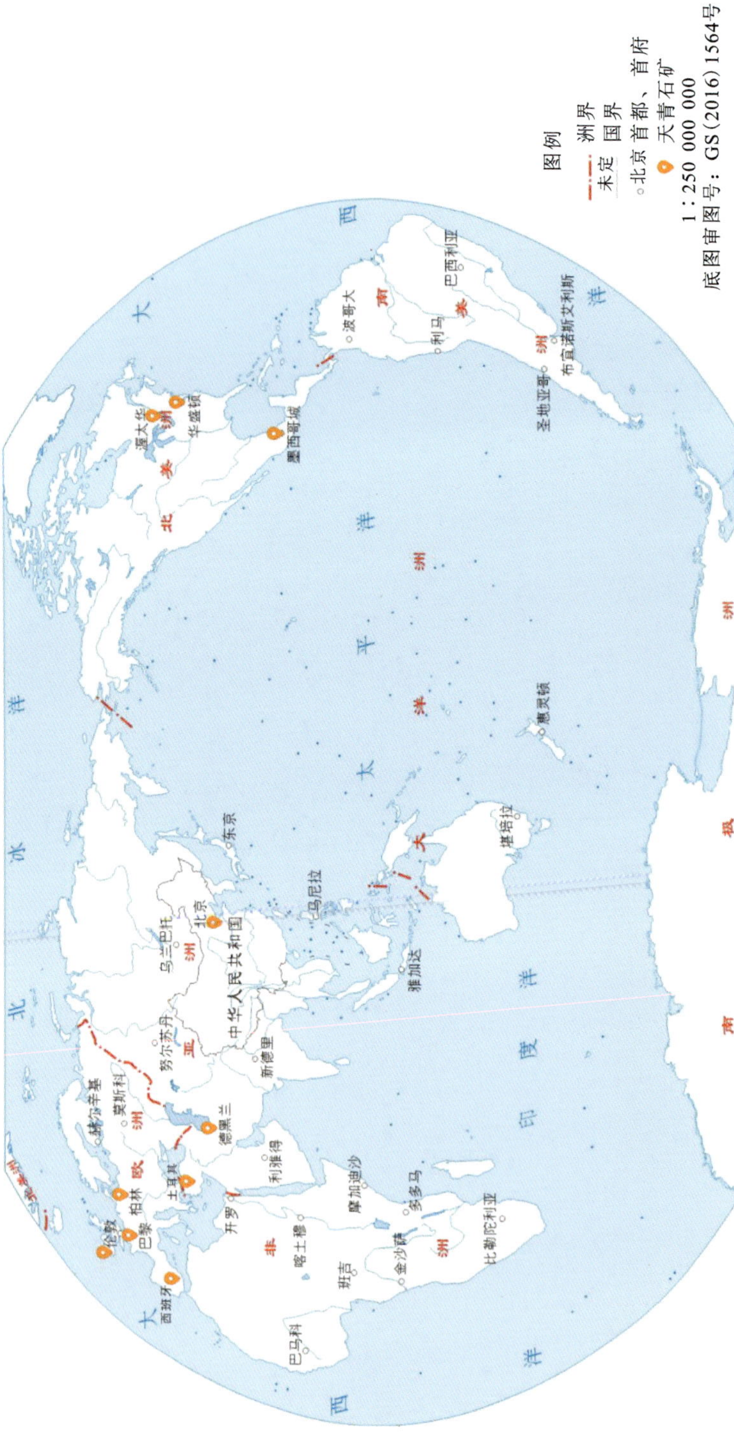
图例
洲界
未定 国界
北京 首都、首府
天青石矿
1∶250 000 000
底图审图号：GS(2016)1564号
北冰洋
大西洋
太平洋
印度洋
南极洲
北美洲
南美洲
亚洲
欧洲
非洲
大洋洲
伦敦
巴黎
柏林
西班牙
土耳其
开罗
莫斯科
赫尔辛基
德黑兰
利雅得
努尔苏丹
乌兰巴托
北京
中华人民共和国
新德里
东京
马尼拉
雅加达
堪培拉
惠灵顿
渥太华
华盛顿
墨西哥城
波哥大
利马
巴西利亚
圣地亚哥
布宜诺斯艾利斯
喀土穆
摩加迪沙
多多马
金沙萨
比勒陀利亚
巴马科

世界锶矿床分布示意图

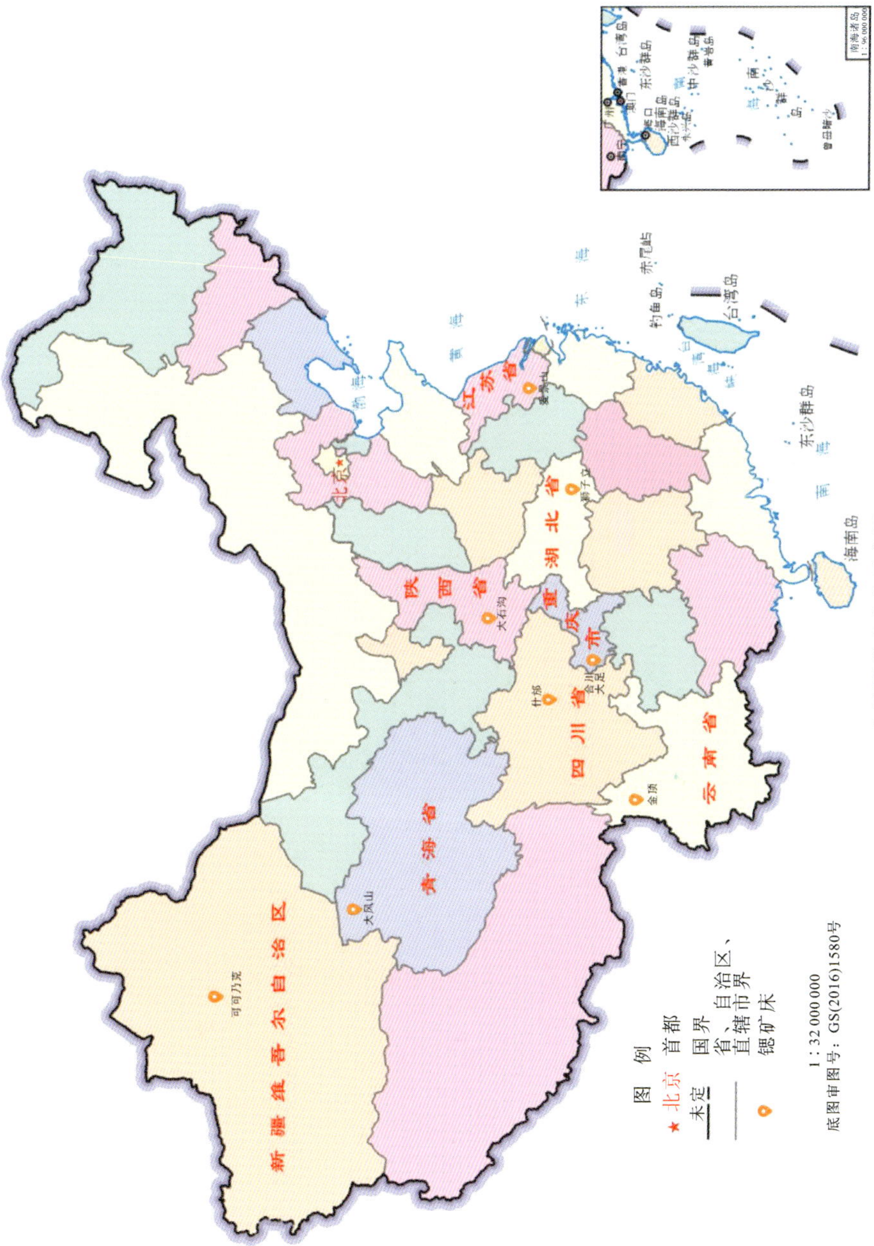
南海诸岛
1:96 000 000
新疆维吾尔自治区
可可乃克
青海省
大风山
四川省
什邡
合川
大足
云南省
金顶
陕西省
大石沟
重庆市
湖北省
江苏省
北京
渤海
黄海
东海
台湾岛
钓鱼岛
赤尾屿
东沙群岛
南海
海南岛
图例
北京 首都
未定 国界
省、自治区、直辖市界
锶矿床
1:32 000 000
底图审图号：GS(2016)1580号

中国锶矿床分布示意图

 "渝"里相"锶"

锶矿的开采史

锶矿最早是在1884年英国西南部的布里斯托尔被开采的,直至20世纪60年代,那里一直是世界锶矿的主要产地。

稍后,德国中部蒙斯特周围的一些菱锶矿也逐步被开采。

20世纪30年代初,第二次世界大战爆发,因战略需要,西班牙、美国、法国、墨西哥等国也开始开采本国锶矿资源。

20世纪60年代晚期,墨西哥的锶矿资源开采量迅速扩大,并超过英国。同时,西班牙、英国等国的锶矿产业加快开发,中国、加拿大、伊朗、土耳其等国也新发现和开发了一系列锶矿床。

20世纪80年代,墨西哥、西班牙、土耳其、英国、伊朗成为主要产锶国。

20世纪90年代,我国锶矿开采量迅速增长,逐渐处于世界前列,成为重要的产锶国。

目前,世界上主要产锶国为中国、伊朗、墨西哥、西班牙,锶矿产量占全球产量的95%以上。

如何获取自然界中的锶?

自然界中并没有纯净的锶存在,我们主要是从天青石等含锶矿物中提取。工业上将天青石粉碎,经筛选除去杂质后,再经过煅烧等一系列工艺来制取锶金属和锶盐。

第一篇 "锶"从何来

锶的生产流程简图

独一无二的重庆锶矿

重庆锶矿的独特,体现在矿床产出集中、矿床规模大、矿体厚度大、矿石质量好、开采难度小,这些特点成就了独一无二的重庆锶矿!

目前重庆市已发现锶矿床10处,集中分布在西部的大足区、铜梁区、合川区。其中,仅有1处锶矿床(前文提到的干沟锶矿)位于合川区,其余9处则集中分布于大足区、铜梁区。如果把大足、铜梁区的9处锶矿床的产出区域圈闭,你会发现它们高度集中地产出于大足与铜梁交界处的一片带状区域内,这片区域呈北东-南西向,南北长15km,东西宽2~3km,面积约37km^2,仅占重庆市域内面积的1/2227。同时因它主体地质构造格架为西山背斜,所以地质学家把这一片集中产出锶矿的带状区域称为"西山锶成矿带"。

"渝"里相"锶"

美丽的西山锶成矿带掠影

在西山锶成矿带内,集中产出2处超大型、2处大型、2处中型和3处小型锶矿床,累计查明资源储量超过2300万t。矿床数量之多、矿床规模之大、规模种类之齐全,这在全国乃至全世界都是罕见的!

西山背斜"两山夹一槽"地貌

第一篇 "锶"从何来

同时，区内发现了多个厚大高品位的天青石矿体，厚度最大可达 20m，矿石品位最高可达 95%，而且多以条纹状、条带状、块状、浸染状天青石矿石为主。矿石中有害物质含量低，可选性好，矿石质量特别适合开发利用。区内的天青石矿体自 20 世纪 90 年代一直开采至今，在这 30 多年里，优质的锶矿资源为当地的社会经济发展做出了重要贡献。

厚大的天青石矿体

● 拓展小课堂

锶矿床规模　地质学家根据矿床中天青石（$SrSO_4$）资源储量的多少划分锶矿床规模大小：当小于 5 万 t 时，为小型矿床；当 5 万～20 万 t 时，为中型矿床；大于或等于 20 万 t 时，为大型矿床；当一个矿床资源储量规模超过大型矿床的 5 倍时，则为超大型矿床。

独占鳌头的重庆锶矿

　　现在越来越多的人知道，锶矿是重庆市的优势和特色矿产。其实，20 世纪 90 年代，重庆就已经依靠锶矿资源和产量优势，成为我国最大且具有独立优势的锶资源基地，在全国乃至全世界都占有十分重要的地位，这种优势地位一直保持至今。21 世纪初，重庆锶矿产量更是一度占到全国锶矿产量的 80%，重庆的锶盐化工企业生产的锶矿系列产品除满足国内需求外，还远销日本、美国、意大利等锶消费大国及贫锶国,其产品占国内市场总额的56%以上,占国际市场总额的36%以上,均位居世界首位。

近年来,重庆市积极开展锶矿找矿突破战略行动,一举实现了找矿突破,探获了全亚洲最大的锶矿床,即位于重庆大足—铜梁一带的兴隆锶矿。兴隆锶矿查明矿石资源储量达3807万t,矿物资源储量达1907万t,占世界查明资源储量的1/5,占国内查明资源储量的1/3。该矿床也是目前国内锶资源储量最丰富、矿石品质最好、开采难度较小的锶矿床。根据检测结果,大足区兴隆锶矿平均品位在50%~60%之间,杂质少,氧化钡含量多小于1%,是国内锶盐产品生产的首选原料。同时,该矿床矿体埋藏浅,开采技术条件简单,交通便利,生产布局优越,生产成本低,加工工艺简单,可为重庆市乃至全国的锶盐产业可持续发展提供可靠的矿产资源保障。

2019年,重庆市大足区人民政府依托区内锶矿资源优势,组建了重庆足锶矿业集团有限公司,将区内众多小型锶矿山进行整合,力争实现规模化开采。该锶矿生产系统已经投产,锶矿年产能达到40万t,远超国内现有全部锶矿山产能总和。

2022年,重庆市大足区人民政府为了将锶矿资源优势转化为产业优势,启动了锶盐新材料产业园建设,旨在完善集开采、研发、加工、销售于一体的全产业链,全力建设中国优质锶原料供应中心和世界锶盐新材料生产基地,加快形成500亿级产业集群,力争掌握锶矿资源方面的国际定价权和全球锶盐产业的主导权,让重庆市大足区成为真正的"世界锶都"!

锶矿石标本

第二篇 不可"锶"议

  锶作为一种神奇的元素,凭借着独特的物理化学性质,在人类社会发展中发挥着不可思议的作用。小朋友口中甜甜的糖、空中燃放的美丽绯红烟火、战场上醒目的信号弹、电脑中精致的扬声器、卫星导航系统中精确的光晶格钟、实验室里神奇的光催化材料等都离不开锶。

 "渝"里相"锶"

锶有哪些作用呢？其实锶与我们的生活息息相关，如制糖业、烟火信号、电子工业、新兴产业、颜料、填料、锶釉陶瓷、电解锌、光电、冶金、医疗、考古、示踪等。随着科学家不断探索其独特的物理化学性质，锶的应用范围越来越广，也越来越不可思议。

金属锶

金属锶氧化后泛白

保存在煤油中的锶

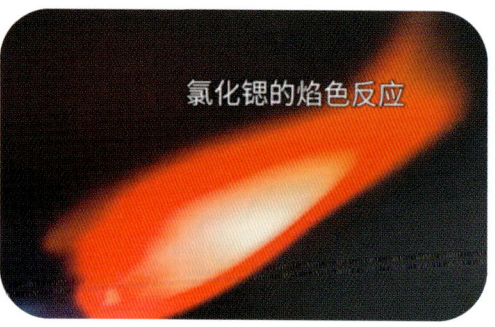

锶盐的焰色（图片来源于网络）

● 知识小贴

锶的物理化学性质　金属锶（Sr），呈银白色，泛着金属光泽，质地如蜡般柔软，具有延展性，20℃时密度为 $2.63g/cm^3$，熔点 769℃，沸点 1384℃，溶解于醇和酸，易传热导电，在空气中加热时能燃烧，火焰呈红色，其溶液颜色呈品红色。

锶是一种活泼的金属，化学性质活泼，很容易被氧化为稳定、无色的锶离子（Sr^{2+}）。锶在空气中会和氧气反应，变为黄色的氧化锶（SrO）。此外，锶与卤素、硫、硒等容易化合，能与水和酸发生剧烈反应，因而需要保存在煤油中。

第二篇 不可"锶"议

甜蜜的锶

直到19世纪初期,生产糖仍主要靠手工制作,效率低、产量小,对于普通人来讲,饴糖是一种昂贵的奢侈品。随着制糖工业的发展和机械化的推进,科学家们研发了用氢氧化锶提纯甜菜制糖的新工艺,大大提高了糖的产量。

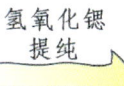
氢氧化锶提纯

甜菜变成糖

使用氢氧化锶提纯甜菜制糖的工艺,主要是利用甜菜制糖时会产生一种含有50%糖的副产物——甜菜糖浆。这些糖分可通过氢氧化锶与近沸腾的糖浆中的糖进行反应,生成难溶的锶糖酸盐化合物。经过滤后,再冷却经碳酸化作用将其还原为糖。

甜菜制糖的故事

史前时期人类就已经知道从鲜果、蜂蜜、植物中摄取甜味食物,早期制得的糖主要是饴糖、蔗糖。中国是世界上制糖最早的国家之一。直到18世纪末,糖主要还是手工制造,产量很低,当时的糖就如现在的山珍海味一样,是一种奢侈品。

19世纪初,拿破仑对不列颠岛实行封锁,英国从海上对欧洲大陆实行经济封锁,一些急需物资和食品如甘蔗糖等无法从海上运往欧洲大陆,这种情形客观上促进了欧洲甜菜制糖业的快速发展。许多制糖新工艺新设备不断涌现,制糖工业实现了机械化。

"渝"里相"锶"

绚丽多姿的锶

锶元素还有一种久经考验的应用，那便是它的红色火焰，也可以是绯红色、猩红色。早在第一次世界大战期间，锶被用于生产信号灯、烟花以及照明弹等。

烟花

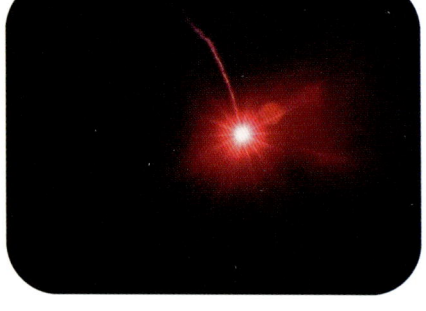
照明弹

如今，仍有30%的锶化合物（碳酸锶或其他锶盐可在焰火中形成深红色）被用于制造各种焰火。如果你看到紫色焰火，它们很可能含有锶盐，这是锶盐与发蓝光的铜盐结合后的效果。

● 拓展小课堂

焰色反应 不同的金属和它们的化合物，在灼烧时能使火焰呈现特殊的颜色，这在化学上叫作"焰色反应"。人们利用焰色反应，在烟花中有意识地加入特定金属元素，使焰火更加绚丽多彩。我们通常看到的红色焰火，就是在烟花中加入了锶的效果。

不同金属元素的火焰颜色见下图。

第二篇 不可"锶"议

不同金属元素的火焰颜色

曾受挫折的锶

20 世纪后期，锶被广泛应用于制造彩色电视阴极射线管。

得益于在吸收 X 射线方面的较强性能，碳酸锶被用于生产彩色电视显像管的荧光屏玻璃，这种含锶玻璃制成的显示器面板，能在不影响显像管透明度的情况下阻挡 X 射线辐射，具有防射线性能好、质量轻、图像清晰和变形小等优点。

老式彩色电视机

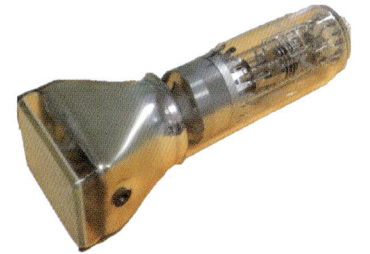

阴极射线管

截至 2005 年底，彩色显像管的生产量约占总需求量的 75%，用作彩电玻壳制造的碳酸锶市场需求量占据了绝大部分市场份额。

但随着平板显示器取代阴极射线管，高清的液晶显示屏、等离子显示屏取代了传统的大头电视机，电视机显像管基本退出了历史舞台，全球对锶的需求收缩，锶行业的发展一度遭受挫折。

液晶显示屏

"渝"里相"锶"

奇"锶"妙用

2009年后,烟火、照明弹和铁氧体陶瓷磁铁占据了市场的主导地位,锶化合物的主要应用变成了铁氧体陶瓷磁铁的生产。锶铁氧体($SrFe_{12}O_{19}$)是最常见的铁氧体永磁铁,被用于各种设备中,如冰箱磁铁、扬声器和小型电机等。

随着科学技术的迅猛进步,锶的新特性不断被发掘,比如锶能够显著提升电池性能、提升储能器件密度、改善锶铝合金性能、处理燃气动力机械尾气等,而逐步用于新兴产业、合金、光电、颜料、填料、油墨、锶釉陶瓷、电解锌、冶金等。

颜料

油墨

锶釉陶瓷

● 拓展小课堂

铁氧体陶瓷 磁性陶瓷主要是指铁氧体陶瓷,铁氧体是以氧化铁和其他铁族或稀土族氧化物为主要成分的复合氧化物。铁氧体多属半导体,电阻率远大于一般金属磁性材料,具有涡流损失小的优点,在高频和微波技术领域,以及雷达技术、通信技术、空间技术、电子计算机等方面都得到了广泛应用。

如今,锶的用途更是向着电子、光学、医药等高精尖领域拓展,今后还有可能向着超导体、辐射探测器等方向进军。

锶的需求量再次攀升,锶也随之完成了完美的蜕变。

在我们的日常生活中,锶还有很多其他用途,如仿钻(钛酸锶)、夜光玩具(掺杂铈的铝酸锶)和脱敏牙膏(氯化锶)。

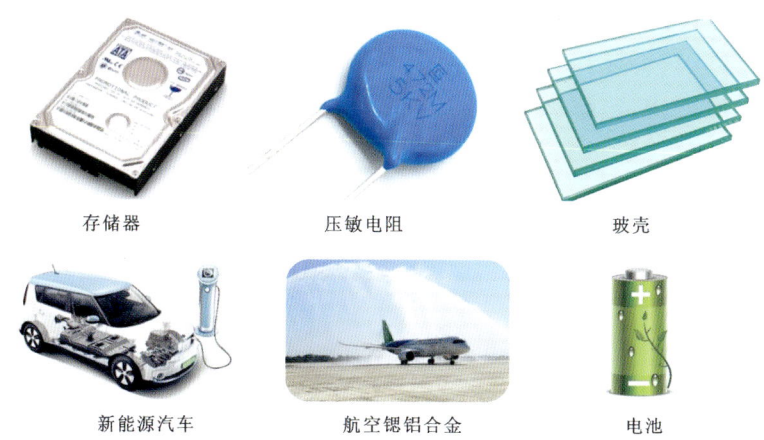

存储器　　　压敏电阻　　　玻壳

新能源汽车　　航空锶铝合金　　电池

钛酸锶具有极高的折射率以及比钻石还高的光学色度,因此可用于各种光学领域。由于锶具有这一特性,因此它可被切割成宝石,尤其是作为钻石仿制品。然而,它质地非常软且易刮花,因此很少被使用。

钛酸锶晶体(钻石仿制品)

"渝"里相"锶"

铝酸锶可用作磷光体，发出的磷光可保持很长时间。

铌酸锶钡晶体可作为全息存储介质，还可作为"屏幕"用于室外 3D 全息显示。

脱敏牙膏主要利用锶的抗过敏特性，给少数对牙膏过敏的人群带来了福音。

同位素"指纹"

锶在自然环境中有 40 多种同位素，可谓是一个大家族，它们都没有放射性，其中 ^{84}Sr（读作锶八十四）、^{86}Sr、^{87}Sr、^{88}Sr 比较稳定。

人造的放射性同位素只有 14 种，其中最常见的是 ^{90}Sr，它被用于核反应中，由 ^{235}U 裂变时产生。国际原子能机构常用 ^{90}Sr 来检测某地是否进行过核试验。

以骨释人，寻骨觅踪

锶同位素比值已经广泛应用于不同地质条件下示踪人类或动物迁徙行为的研究。考古工作者根据这一特性，运用它判断古代动物的发源地，研究古代动物的迁徙行为。

● 拓展小课堂

同位素　同位素是具有相同质子数、不同中子数的同一元素的不同核素。它们在元素周期表上占有同一位置，化学性质几乎相同，但原子量或质量数不同。

第二篇 不可"锶"议

巧辨"洗澡蟹"

2020年,中国科学技术大学的黄方教授研究团队采用同位素指纹法进行食品溯源,利用锶同位素检测追踪判断中华绒螯蟹的真实地理起源,识破用"洗澡蟹"(商家将普通蟹放到阳澄湖浸泡一段时间后打捞上来)冒充阳澄湖大闸蟹等市场欺诈行为。

冒牌　　　　　　新华社发　王俊平　作

锶在自然界中有4种稳定的同位素,其中^{87}Sr和^{86}Sr在不同地质环境中的相对含量不同,而这种同位素特征又会通过水和食物传递到生物体内。黄方教授等(2020)采集了阳澄湖、太湖、固城湖等湖区的中华绒螯蟹(俗称"大闸蟹"),对其进行锶同位素分析。结果显示,来自同一湖区的大闸蟹的锶同位素成分相同,而不同湖区的大闸蟹则具有显著不同的锶同位素成分,并且大闸蟹的锶同位素特征与产地的水源相似,不受外来饲料的影响。因此,锶同位素检测可以作为追踪大闸蟹地理起源的可靠方法。

锶原子光晶格钟

随着社会的发展,人类活动对时间的度量越来越精准,从开始的日升日落、

 "渝"里相"锶"

日晷,到水钟、沙漏、机械钟、石英钟,再到原子钟。误差由最初的小时、分钟,到机械钟的误差30s/d、石英钟的误差0.5s/d,再到铯原子钟的误差小于1s/600万年,已远远超过了我们的感受能力。

日升日落

日晷

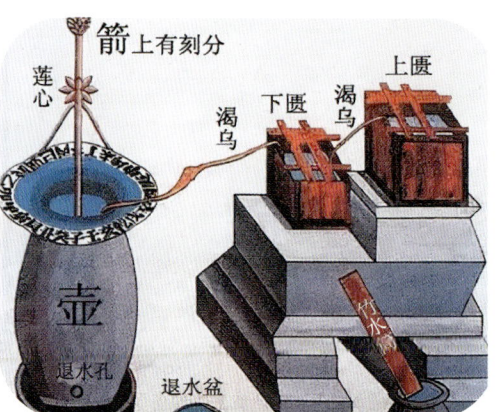

北宋燕肃"新型水钟莲花漏"(图片来源于网络)

沙漏

中国计量科学研究院有一种我国自主研制的特殊计时设备——锶原子光晶格钟,它以锶原子的跃迁频率作为时间计量标准,并且将时间测量的准确度提高到35亿年不差1s。

2022年5月7日,《光明日报》"晒晒咱的国之重器"栏目刊登的《锶原子光晶格钟:35亿年不差一秒》,让大众了解到我国自主研制的光钟已具世界领先水平,也让锶再次进入人们的视野。

为什么科学家要将时间精确到这种程度呢?其实对于现代科技发展,精确的时间用处巨大。

第二篇 不可"锶"议

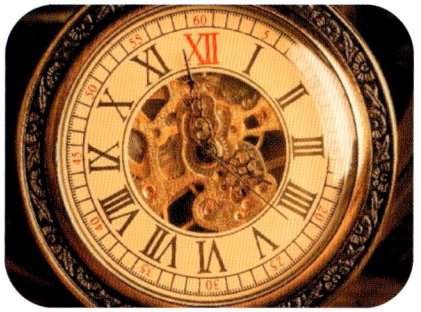
机械钟

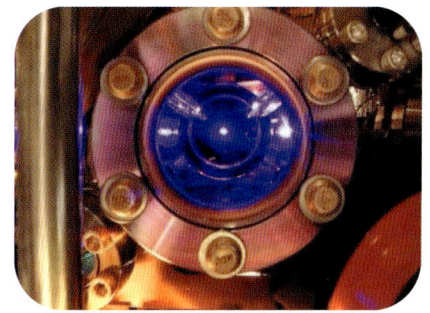
原子钟(图片来源于网络)

"国之重器"——神奇的锶原子光晶格钟的报道

"渝"里相"锶"

比如,精密时间测量对于全球卫星导航系统具有重要作用。导航系统需要多颗导航卫星组网运行,每颗卫星上都放有特殊的高精确度的钟。这些钟将时间发送到地面,地面接收站根据所接收到的不同卫星的信号时间差,快速定位出地面的具体位置,实现实时定位。在这个过程中,时间越精确,时间差的测量误差就越小,定位的准确度就越高。另外,高精度的时间测量还在5G通信、航天发射和测控、智慧城市等领域有着不可替代的作用。

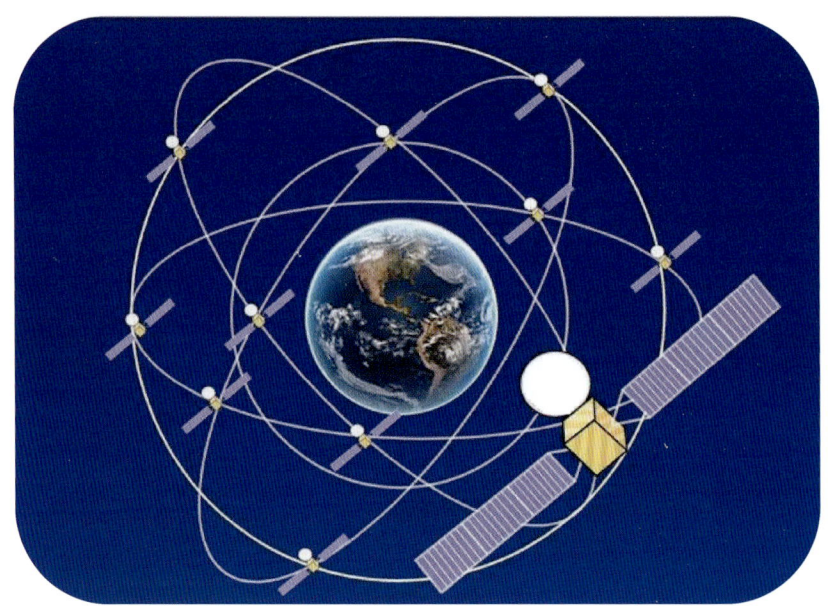
卫星导航系统

光钟还可以用来探测引力波。引力波出现时会改变引力势,而引力势会改变光钟的频率。光钟的准度越高,越有利于探测引力波。此外,光钟在验证相对论、检验物理常数变化、发现暗物质等前沿物理领域都发挥着重要作用。

水制氢的好帮手

随着世界能源向清洁化方向转变,清洁能源发展势头迅猛。尤其是作为二次能源的氢能,因具有清洁、高效、安全、可贮运、可持续等优点,已被众多科学家认为是最理想的无污染的绿色"无碳"能源之一。

目前,常规的制氢方法为化石燃料制氢、电解水制氢等,但是由于化石燃料制氢过程中会排放大量的碳,造成环境污染;电解水制氢过程投入过高,难以实现大规模生产,因此科学家一直梦想着有一种更为环保、高效的制氢方法。经过近50年的探索,科学家正在积极探索利用太阳能分解水来获得氢能源(光解水制氢),以解决人类面临的能源危机。

人类自从诞生开始就一直享受着太阳能的"恩宠",太阳能为人类提供了最主要也是最重要的生存条件。虽然太阳辐射到地球大气层的能量仅为其总辐射能量的22亿分之一,但是根据科学家的粗略折算,太阳每秒照射到地球上的能量就相当于500万t煤燃烧产生的热量。因此,如果可以实现高效且低成本的光解水制氢,那么我们将会实现新能源的又一次科技革命!

锶的化合物钛酸锶($SrTiO_3$)由于具有较强的氧化还原和环境友好特性,被认为是一种极具应用前景的光催化材料。虽然目前该项研究仍处于实验阶段,在实际中的应用比较少,但是一旦取得突破,将会在光解水制氢的光催化领域得到广泛应用。

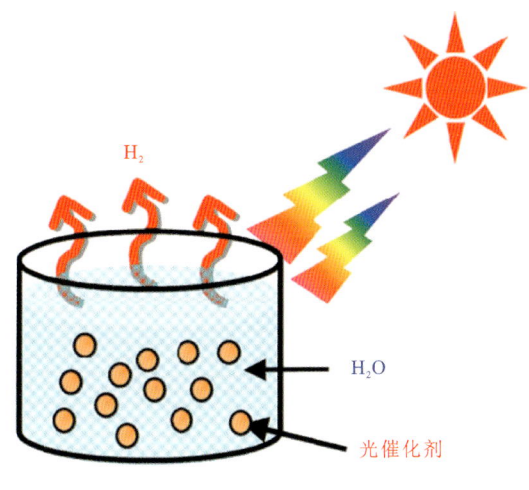

光解水制氢示意图

第三篇 "锶"来想去

　　锶几乎无处不在,它广泛分布在大气、岩石、水、土壤中,也在我们身体中不停地循环着。那锶在自然界中是如何循环的?对我们有什么作用呢?接下来,我们将为大家解答这些疑问。

"渝"里相"锶"

自然界中的锶循环

我们生活的生物圈,包含了大气圈、岩石圈、水圈等。锶广泛分布在我们身边的各个圈层中,比如在岩石、土壤、河流湖泊以及海水中。锶在各圈层里生生不息地往复循环着。

在地下岩石圈内,随着地壳深部岩浆的逐渐冷却,锶会由分散状态逐渐地过渡为富集状态,它们再经过后期的热液改造,就可能在地下富集成锶矿,也可能随着火山喷发被排放到大气和海洋中。

自然界中的锶循环

● 拓展小课堂

岩浆岩 又称火成岩,是由岩浆喷出地表或侵入地壳冷却凝固所形成的岩石,有明显的矿物晶体颗粒或气孔,约占地壳总体积的65%。

第三篇 "锶"来想去

深埋在地下的锶矿体，在经历漫长的构造演化后，随着地层一起被抬升，沧海变桑田。锶矿体抬升到地表后，遭受雨水的冲刷剥蚀，锶被水携带进入土壤、河流、湖泊中。

沧海

桑田

高山

有一部分锶则被动植物吸收进入体内，成为身体的一部分，开启了其在生命体内的循环。随着生命的结束，锶会再次回到土壤。

就这样，锶永不停息地循环流动着。

人体中的锶代谢

人体通过食物和饮水来摄取锶，经胃肠吸收后进入血液，锶便开启了它在人

"渝"里相"锶"

体内的循环。

锶也可以通过呼吸道和皮肤进入体内,主要贮存在骨骼中并通过尿液排出体外。

不同年龄段的人,对锶的排泄能力差别较大。

幼儿时期,由于肾功能发育还不健全,儿童对锶的排泄能力低于成年人,因而儿童对锶的吸收效率高达90%。

相反,老年人的排泄能力强,造成锶的吸收效率很低(仅有10%),因此老年人容易因长期缺锶而引发各种疾病。

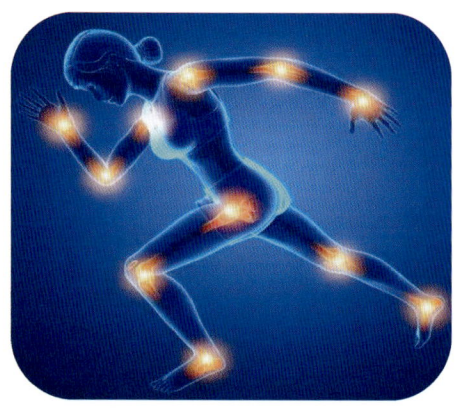

锶在人体中的循环

进入人体内的锶,其总量的99%都存在于骨骼中,仅0.65%可以溶解于细胞外液中,但骨锶与血锶也是在不断地交换循环着,保持着动态平衡。这种微妙的平衡,对身体健康至关重要。

锶:长寿的秘诀

经研究发现,锶是人体所必需的元素,它与健康长寿息息相关。在人体内,如果个体质量为70kg,锶含量一般会达到280mg左右,其中含锶量最高的是骨骼,达到了36~140mg/kg。

那么,含量微小的锶是怎样促进人体健康长寿的呢?

科学研究表明,锶与细胞线粒体、心血管、骨骼、牙齿、神经系统的健康密切相关。

在心血管方面,随着我们生活水平的普遍提高,机体摄入的钠离子浓度偏高,而易引发高血压、动脉硬化、血栓等心血管疾病。锶能减少人体对钠的吸收、增加对钠的排泄,进而防止各种心血管疾病,保障心血管循环畅通。

科学研究表明,饮用水中锶水平越低,心血管疾病死亡率越高。锶能有效防止高血压心脏病、中枢神经系统血管损伤、动脉硬化、退行性心脏病、全身性动脉硬化等疾病。

第三篇 "锶"来想去

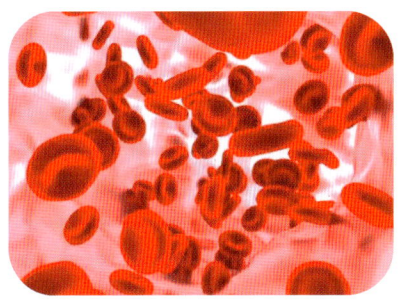

高盐易引发高血压

在骨骼和牙齿方面,锶参与了骨的形成,能促进骨的生长,抑制骨的重吸收,被应用于治疗骨质疏松症。锶能减少龋齿,还能抵抗过敏,用于生产脱敏牙膏,给少数对牙膏过敏的人群带来福音。

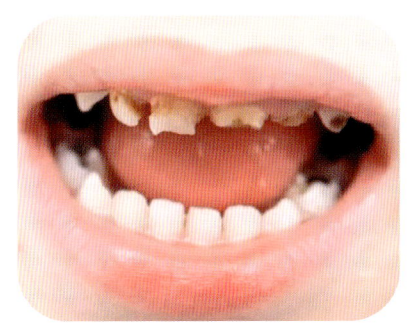
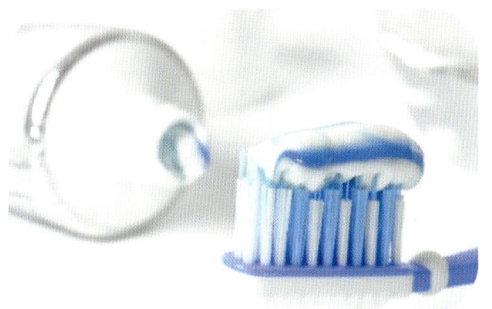

龋齿　　　　　　　　　　　牙膏

此外,锶还具有促进神经和肌肉的兴奋等功能。

锶,既舒了筋、活了血,又直了腰、吃得香,这就是它能促使人长寿的秘诀。

锶:骨骼的守护者

锶进入骨骼,主要有两种方式。

在新生的骨头中,锶离子被充满活性的成骨细胞快速吸收,并与骨样蛋白结合,成为骨的有机组成。

 "渝"里相"锶"

在旧骨中,锶离子以慢渗入的方式,进入骨矿结晶的晶格中。

进入骨骼的锶,也是在不停地循环着,并非永久地贮存下来。其中,部分可溶性的锶会发生溶解,部分锶离子还会被钙离子替换,部分锶会被破骨细胞吸收。

不过不必太过担心,因为这些方式都不是人体消除锶的主要方式,它们的消除速度远远慢于人体对锶的排泄速度。

锶对骨骼的作用与其浓度大小密切相关。

当体内锶离子浓度相对于钙离子浓度较高时,锶离子会替代骨骼中的钙离子,对骨的生长不利,会降低骨骼的强度,增加骨矿的溶解,可能引发佝偻病、骨质疏松等疾病。骨质疏松患者可通过服用雷奈酸锶

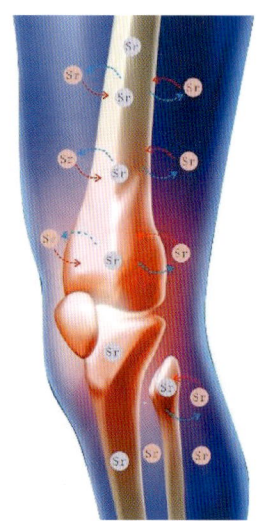

进入骨骼中的锶

(药品)来帮助骨骼吸收更多的钙物质,以预防发生骨折。科学家可采用放射性核素 ^{85}Sr 和稳定性同位素 ^{88}Sr 来监测骨的形成与代谢过程。

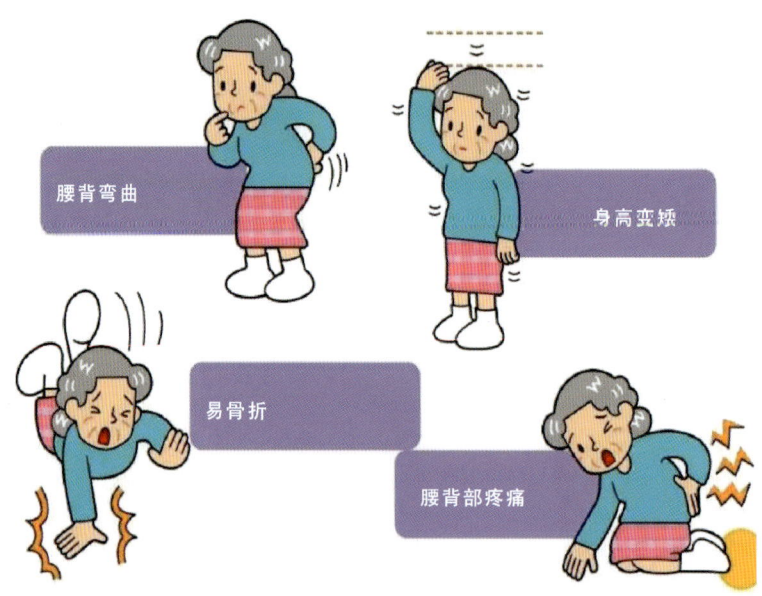

骨质疏松患者症状

当体内锶离子和钙离子浓度都比较高且锶离子相对于钙离子浓度较低时,对骨骼有益,它能增加骨细胞的数量,刺激骨的形成,同时还能降低破骨细胞的活性,预防钙的流失,提高骨的硬度和质量。

总体上,我们体内总体呈"高锶高钙",对机体非常有益;若体内出现"高锶低钙",则会对机体生理代谢产生不利影响,甚至产生多种病理变化。

骨转移肿瘤的克星

放射性同位素 ^{89}Sr 是一种重要的骨转移治疗手段。

^{89}Sr 进入人体后,到达骨转移病灶的部位,通过发射 β 射线照射杀死转移的肿瘤细胞,可以起到镇痛的作用。骨转移病灶对 ^{89}Sr 的摄取是正常骨的 2~25 倍,^{89}Sr 进入骨转移病灶后能发挥集中、持久的杀伤作用。

尤其对全身多发性的骨转移病灶患者,使用锶产品可以减少病人临终前的痛苦。

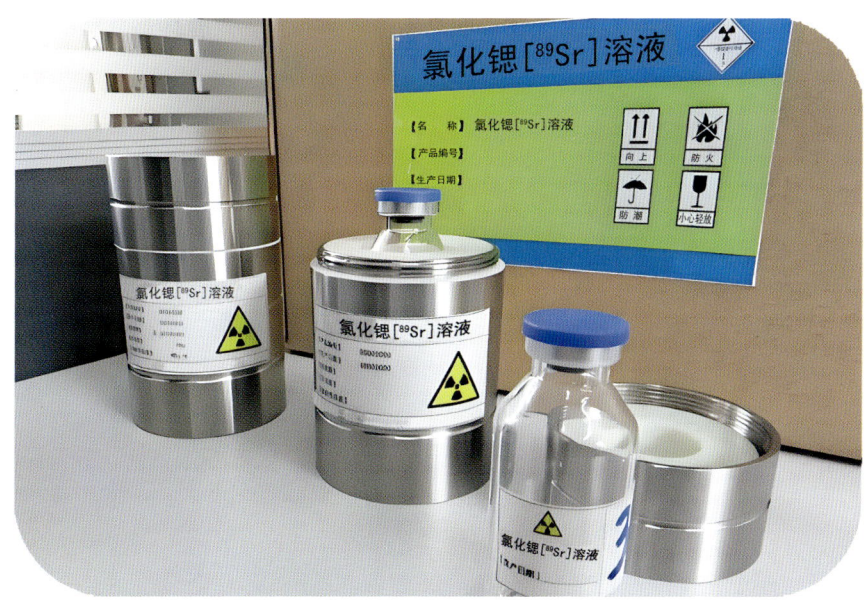

骨治疗(来源于中核网)

同时,^{89}Sr 还能使骨转移病灶不扩展或缩小,以缓解病情,延长病人的生命,还可以预防癌症复发。

"渝"里相"锶"

预防骨质疏松

人体中锶的吸收方式与钙元素相似,主要沉积在骨骼内,这使得锶相对无害,它甚至还被用于预防和治疗骨骼疾病,如骨质疏松症。药物雷奈酸锶是一种包含雷纳酸的锶盐,这种药物能帮助骨骼吸收更多的钙物质,用于预防骨质疏松患者骨折的发生,以及预防绝经后的骨质疏松以降低椎骨及骶骨骨折风险。

不过,这也使得由核反应堆和核试验产生的、寿命最长的放射性同位素 ^{90}Sr 变得危险,因为被吸收的 ^{90}Sr 可能会引发骨癌。但是通过控制摄入量,^{89}Sr 和 ^{90}Sr 也被用于已经扩散到骨骼的癌症患者的放射治疗。

饮水"锶"源

既然锶对人体有这么多好处,那我们人体又该怎么摄取足够的锶呢?

通过食物摄取锶。含锶较高的食物包括小麦、大米、黄豆、山楂、黑枣、莴苣、黑芝麻、大蒜、胡萝卜等。

稻谷　　　　　　小麦　　　　　　黄豆

山楂　　　　　　莴苣　　　　　　胡萝卜

第三篇 "锶"来想去

当体内锶离子和钙离子浓度都比较高且锶离子相对于钙离子浓度较低时,对骨骼有益,它能增加骨细胞的数量,刺激骨的形成,同时还能降低破骨细胞的活性,预防钙的流失,提高骨的硬度和质量。

总体上,我们体内总体呈"高锶高钙",对机体非常有益;若体内出现"高锶低钙",则会对机体生理代谢产生不利影响,甚至产生多种病理变化。

骨转移肿瘤的克星

放射性同位素 ^{89}Sr 是一种重要的骨转移治疗手段。

^{89}Sr 进入人体后,到达骨转移病灶的部位,通过发射 β 射线照射杀死转移的肿瘤细胞,可以起到镇痛的作用。骨转移病灶对 ^{89}Sr 的摄取是正常骨的 2~25 倍,^{89}Sr 进入骨转移病灶后能发挥集中、持久的杀伤作用。

尤其对全身多发性的骨转移病灶患者,使用锶产品可以减少病人临终前的痛苦。

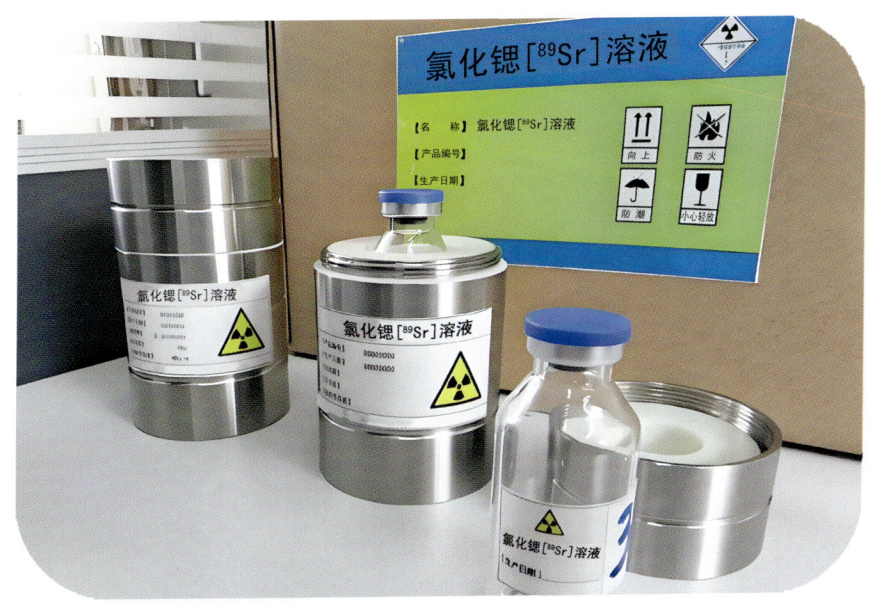

骨治疗(来源于中核网)

同时,^{89}Sr 还能使骨转移病灶不扩展或缩小,以缓解病情,延长病人的生命,还可以预防癌症复发。

"渝"里相"锶"

预防骨质疏松

人体中锶的吸收方式与钙元素相似,主要沉积在骨骼内,这使得锶相对无害,它甚至还被用于预防和治疗骨骼疾病,如骨质疏松症。药物雷奈酸锶是一种包含雷纳酸的锶盐,这种药物能帮助骨骼吸收更多的钙物质,用于预防骨质疏松患者骨折的发生,以及预防绝经后的骨质疏松以降低椎骨及骶骨骨折风险。

不过,这也使得由核反应堆和核试验产生的、寿命最长的放射性同位素 ^{90}Sr 变得危险,因为被吸收的 ^{90}Sr 可能会引发骨癌。但是通过控制摄入量, ^{89}Sr 和 ^{90}Sr 也被用于已经扩散到骨骼的癌症患者的放射治疗。

饮水"锶"源

既然锶对人体有这么多好处,那我们人体又该怎么摄取足够的锶呢?

通过食物摄取锶。含锶较高的食物包括小麦、大米、黄豆、山楂、黑枣、莴苣、黑芝麻、大蒜、胡萝卜等。

稻谷　　小麦　　黄豆

山楂　　莴苣　　胡萝卜

此外,在传统中药中,黄连、蛤壳、蒲公英、虎杖、昆布、附子、赤芍、杜仲、忍冬(金银花)、甘草等的锶含量都较高。

通过饮水来摄取锶。喝含锶型天然矿泉水有益于人体健康,天然矿泉水国家标准中,锶就是界限指标之一(含锶量 0.2~2mg/L 被认定为符合标准)。

由于我国很多地方的饮水中锶含量偏低(0.013~0.3mg/L),加上饮食结构不均匀等因素,部分人体内锶的摄取量不足,特别是孕妇、儿童和老年人更容易缺锶,对身体产生负面影响。

不过,也不用过于担忧。现在,我们可以通过多喝含锶的矿泉水、富锶的茶水以及中药汤水等来弥补这个缺憾。

茶叶

蒲公英

天然富锶水

忍冬(金银花)

第四篇 奇"锶"妙想

　　绿水青山就是金山银山,但金山银山买不到绿水青山,金山银山也比不了绿水青山。重庆锶矿给山城人民带来物质财富的同时,也曾经带走了一片片绿水青山。山城人民开动脑筋,经过一系列探索,找出一条新"锶"路,重庆锶矿产业从此也走上了生产发展、生活富裕、生态良好的文明发展道路。

  "渝"里相"锶"

锶,作为重庆的优势和特色矿产,它的开发利用一度带动了最大原产地(大足区古龙镇)社会经济的快速发展,成为当地人民群众心中的"金山银山",然而以往粗放式的开发利用也夺走了人们记忆中的"绿水青山"。

重庆市大足区古龙镇宣传语

如今,随着人们对锶的认识不断加深,重庆得天独厚的锶矿不再仅仅局限为一种资源优势,更是衍变为一种不可替代的产业优势和文化优势。现在的重庆锶矿,正在积极以培育锶盐产业发展新动力、完善和延伸产业链条为出发点,不断增强下游产品生产和研发力度,不断探索锶特色生态产业转型升级,已经走上了一条"既要金山银山,又要绿水青山"的绿色新"锶"路。

山城锶情缘

从1937年重庆发现第一块天青石起,重庆人民便与锶结下了一段特殊的情缘。

20世纪90年代起,重庆市地质矿产勘查开发局205地质队在大足、铜梁一带先后发现了大型、特大型锶矿床,锶便融入当地人民生活的方方面面,让一穷二白的山沟沟逐渐发展成为交通便利、洋房林立的桃花源。

曾经,它是邻里乡亲们建房的砖、闲暇时房前屋后观赏的石、工作创收的源,而今它还是重庆的优势和特色矿产,是山城人民走向世界的名片。

山城旧貌

山城新貌

打造新"锶"路

同世界上其他大型矿山一样,随着矿产的开采,当地人民的生活水平得到了极大的提高,但也带来了很多烦恼。

曾经,大足锶矿区零零散散分布着 11 个矿洞,以及大大小小的粗加工企业,每日卡车在矿洞与工厂之间轰鸣飞驰,沙尘遮天蔽日,污水、废渣遍地流淌。

锶矿老矿井

 "渝"里相"锶"

这可谓是得了金山银山,却丢了绿水青山,但金山银山买不到绿水青山,人们对良好的生态环境的需求日益强烈,该如何化解呢?

这就需要打开新思路。

大足区人民政府积极推动资源型经济向产业型经济转变,让当地以"矿"为主的产业逐渐向绿色发展,不仅守住了绿水青山,美了环境,更让人民群众的收入结构更加多样化、稳定化。

成就绿色锶都

为此,近年来,大足区人民政府关停、整合了各个采矿场,组建重庆足锶矿业集团有限公司,对其进行技术改造升级,开发绿色矿山。

积极规划、建设起锶盐新材料产业园,将各加工企业集中搬迁,对废水、废渣、废气进行环保处理。

与知名科研院所组建锶产业研究院,静"锶"科研,推动锶产业绿色转型,为产业发展"提味增鲜",势必将重庆大足区打造为名副其实的"世界锶都"。

重庆足锶矿业集团有限公司天青石矿井

第四篇 奇"锶"妙想

建设中的大足区锶矿产业园（蒋世勇 摄）

矿坑美景（古龙镇人民政府 提供）

"渝"里相"锶"

锶茗传天下

炉峰焙锶茗,优雅传天下。智慧的山城人民,畅想着新"锶"路,又开始迈向富锶农产业发展的新征程。

美丽的西山锶成矿带地处巴岳山,自古以来,云缠雾绕的巴岳山便是茶树青翠、茶香袅袅,有着悠久的产茶历史。北宋时,巴岳"水南茶"便与广汉"赵坡"、峨眉"白牙"、雅安"蒙顶"并称蜀茶四大珍品而香飘八方。

而今,在一代代焙茶大师的共同努力下,富锶古龙茶重新焕发生机,搭乘中欧班列,走出山城,奔向世界。

大足古龙茶山(一)

大足古龙茶山(二)

第四篇 奇"锶"妙想

未来,大足古龙将以锶为基,以茶为引,拓展富锶农产业,建设富锶特色农业品牌,助力乡村振兴。

大足古龙十里油菜花

拓展小课堂

古龙茶重生的故事 20世纪80年代,古龙茶业因出口受阻、红茶市场萎缩、技术更新缓慢等一系列原因一落千丈,许多茶园都荒废了,古龙茶叶厂也濒临倒闭。

如今,在富锶特色产业的引领下,古龙茶叶种植面积大幅增加,年产茶叶上百吨。2006年,古龙茶通过国家绿色食品认证,产品深受消费者喜爱。自2007年以来,古龙茶叶厂连续成为农业产业化市级龙头企业,"古龙牌"系列茶产品先后获得三峡杯优质名茶、甘露杯优质名茶、市级名牌农产品等称号。

"渝"里相"锶"

锶的传唱

　　山城人民在富锶的土壤上,伴着青山,守着绿水,迎着春雷,采着新芽,赏着十里花香,听地质队员讲述锶的故事,将锶的文化一代代地传唱下去。

自然巴渝课堂科普进校园

参考文献

埃里克·查林,2015.改变历史进程的50种矿物[M].高萍,译.青岛:青岛出版社.

费尔斯曼,2018.趣味矿物学[M].余杰,编译.天津:天津人民出版社.

高允,2017.重庆华蓥山锶矿床与青海大风山锶矿床对比研究[D].北京:中国地质大学(北京).

顾文帅,2022.重庆市锶矿勘查成果报告[R].重庆:重庆市地质矿产勘查开发局205地质队.

顾文帅,李建,黄治清,等,2017.重庆市玉峡式锶矿床保存条件研究:以兴隆与玉峡矿区为例[R].重庆:重庆市地质矿产勘查开发局205地质队.

顾文帅,李建,黄治清,等,2017.重庆玉峡式锶矿床成矿系统分析[J].中国矿业,26(2):162-165.

韩松昊,税鹏,余超,等,2018.中国锶资源现状及可持续发展建议[J].科技通报,34(1):1-5.

胡广灿,2017.重庆铜梁玉峡天青石矿床地质特征及成因讨论[D].成都:成都理工大学.

胡玉书,张恒华,马义明,等,2022.铜和锶对可生物降解锌合金显微组织和力学性能的影响[J].上海金属,44(5):66-71.

黄胥莱,高亚男,张养东,等,2023.食品中锶功能的研究进展[J].食品科学,44(15):1-15.

金兴智,邵怡亮,郑毅,等,2020.钛酸锶光催化剂的改性研究进展[J].分子催化,34(6):559-568.

蓝统胜,李桂英,2006.微量元素防病指南[M].广州:华南理工大学出版社.

李冬梅,王梓良,杨磊,等,2022.铯、锶掺杂钨酸铋的可见光降解酸性品红性能研究[J].功能材料,53(2):2007-2011+2025.

李富山,韩贵琳,2011.非传统稳定同位素锶($\delta^{88/86}Sr$)的地球化学研究进展[J].地球与环境,39(4):585-591.

李富山,韩贵琳,2012.锶同位素在森林生态系统研究中的进展[J].生态学杂志,31(11):2935-2942.

李建,顾文帅,黄治清,等,2017.玉峡式锶矿床表生溶蚀作用研究[J].中国矿业,26(6):154-156+160.

刘超,赵汀,王登红,等,2016.中国锶矿产业发展现状与未来发展战略思考[J].桂林理工大学学报,36(1):29-35.

刘非凡,唐井爽,王羿凯,等,2022.低锶含量的高纯度无氯红光烟火药[J].火工品,9(6):74-77.

刘凯,王惠敏,2021.岩石与矿物[M].上海:少年儿童出版社.

刘龙帅,王路明,高佳伟,等,2022.锶掺杂纳米生物活性玻璃改性复合树脂机械性能的实验研究[J].实用临床医药杂志,26(11):12-17.

刘相果,彭晓东,谢卫东,等,2004.金属锶及其合金的研究现状与应用[J].稀有金属,28(4):750-755.

穆君宇,侯沙,彭雨,等,2022.微量掺锶材料在骨修复领域的应用[J].医学研究杂志,51(7):15-18.

邱永龙,施玉博,李威,等,2022.锶对磷酸镁骨水泥理化性质及成骨活性影响的研究[J].实用骨科杂志,28(3):223-228.

任百洁,邹馨颖,刘悦,等,2021.锶与牙周组织再生的研究进展[J].海南医学院学报,27(15):1192-1196.

宋纬,姚起宏,2019.钛锶复合添加对汽车零部件压铸用模具钢性能的影响[J].钢铁钒钛,40(3):65-69.

宋文琪,毛晓冬,徐翠微,2018.重庆玉峡天青石矿床矿石结构构造特征及成因意义[J].成都理工大学学报(自然科学版),45(6):670-678.

孙玮玮,2022.3D打印掺锶矿化胶原复合聚乳酸骨修复支架的制备及性能研究[D].北京:北京印刷学院.

汪丹,闫加力,王梦园,等,2022.恩施州中草药硒、锶、锗、锌元素含量特征及其影响因素研究[J].资源环境与工程,36(5):651-657.

王贵平,杨成发,薛晓敏,等,2022.山东省沂源县"富锶"苹果成因研究与分析[J].烟台果树,157(1):13-16.

参考文献

王宁宁,张圣敏,周静,等,2022.掺锶生物陶瓷材料用于骨组织工程的研究进展[J].中国美容医学,31(2):166-171.

王艺睿,2019.锶的含量对掺锶银微弧氧化涂层性能影响的研究[D].唐山华北理工大学.

位秀丽,张秀琴,周毅德,2020.锶与人体健康关系[J].微量元素与健康研究,37(5):70-72.

西奥多·格雷,2023.视觉之旅:神奇的化学元素[M].陈沛然,译.北京:人民邮电出版社.

席雪瑶,高亚男,王加启,等,2023.锶的成骨机制及富锶食品的研发现状[J].现代食品科技,39(9):1-13.

徐桂芬,胡玥,任卉,等,2020.中国锶矿供需形势分析及展望[J].国土资源情报(10):81-84.

徐兴国,1999.中国的锶矿床[M].成都:四川科学技术出版社.

杨继勇,张养东,郑楠,等,2022.锶元素的生物学功能及其在人体内的代谢研究进展[J].中国食物与营养,28(9):50-56.

姚凤良,孙丰月,2006.矿床学教程[M].北京:地质出版社.

曾宪录,高仕,韩飞,等,2021.锶在骨质疏松治疗中的应用研究进展[J].食品研究与开发,42(16):220-224.

张峰,汪麟,周明明,等,2022.掺锶半水硫酸钙的制备及其抗菌性能[J].材料科学与工程学报,40(4):601-607+634.

张建江,王佳,舒为群,2021.饮水中锶的健康效应和安全水平[J].卫生研究,50(4):686-690+697.